北京时代华文书局

图书在版编目（CIP）数据

当诗词遇见科学：全20册 / 陈征著 . — 北京：北京时代华文书局，2019.1（2025.3重印）
ISBN 978-7-5699-2880-8

Ⅰ. ①当…　Ⅱ. ①陈…　Ⅲ. ①自然科学－少儿读物②古典诗歌－中国－少儿读物　Ⅳ. ①N49②I207.22-49

中国版本图书馆CIP数据核字(2018)第285816号

拼音书名 | DANG SHICI YUJIAN KEXUE：QUAN 20 CE

出 版 人 | 陈　涛
选题策划 | 许日春
责任编辑 | 许日春　沙嘉蕊
插　　图 | 杨子艺　王　鸽　杜仁杰
装帧设计 | 九　野　孙丽莉
责任印制 | 訾　敬

出版发行 | 北京时代华文书局 http://www.bjsdsj.com.cn
北京市东城区安定门外大街138号皇城国际大厦A座8层
邮编：100011 电话：010-64263661 64261528
印　　刷 | 天津裕同印刷有限公司
开　　本 | 787 mm×1092 mm　1/24　　印　　张 | 1　　字　　数 | 12.5千字
版　　次 | 2019年8月第1版　　印　　次 | 2025年3月第15次印刷
成品尺寸 | 172 mm×185 mm
定　　价 | 198.00元（全20册）

自 序

一天，我坐在客厅的沙发上，望着墙上女儿一岁时的照片，再看看眼前已经快要超过免票高度的她，恍然发现，女儿已经六岁了。看起来她一直在身边长大，可努力搜索记忆，在女儿一生最无忧无虑的这几年里，能够捕捉到的陪她玩耍，给她读书讲故事的场景，却如此稀疏……

这些年奔忙于工作，陪孩子的时间真的太少了！

今年女儿就要上小学，放眼望去，小学、中学、大学……在永不回头的岁月中，她将渐渐拥有自己的学业、自己的朋友、自己的秘密、自己的忧喜，直到拥有自己的家庭、自己的人生。唯一渐渐少了的，是她还愿意让我陪她玩耍，给她读书、讲故事的时间……

不能等到孩子不愿听的时候才想起给她读书！这套书就源自这样的一个念头。

也许因为我是科学工作者，科学知识是女儿的最爱，她每多了解一个新的科学知识，我都能感受到她发自内心的喜悦。古诗词则是我的最爱，那种“思飘云物动，律中鬼神惊”的体验让一个学物理的理科男从另一个视角感受到世界的美好。当诗词遇见科学，当我读给孩子，这世界的“真”“善”与“美”如此和谐地统一了。

书中的科学知识以一个个有趣的问题提出，目的并不在于告诉孩子答案，而是希望引导孩子留心那些与自然有关的细节，记得观察生活、观察自然；引导孩子保持对世界的好奇心，多问几个为什么。兴趣、观察和描述才是这么大孩子的科学教育应该做的。而同时，对古诗词的赏析，则希望孩子们不要从小在心里筑起“文”与“理”之间的高墙，敞开心扉去拥抱一个包括了科学、文化和艺术的完整的世界。

不得不承认，这套书选择小学语文必背的古诗词，多少还是有些功利心在其中。希望在陪伴孩子的同时，也能为孩子的学业助一把力。

最后，与天下的父母共勉：多陪陪孩子，趁着他们还没长大！

唐 李白

赠汪伦 (zèng wāng lún)

李白乘舟将欲行，忽闻岸上踏歌声。
(lǐ bái chéng zhōu jiāng yù xíng, hū wén àn shàng tà gē shēng.)

桃花潭水深千尺，不及汪伦送我情。
(táo huā tán shuǐ shēn qiān chǐ, bù jí wāng lún sòng wǒ qíng.)

释词

1 汪伦：李白的好朋友。

2 踏歌：唐代民间流行的一种手拉手、两足踏地为节拍的歌舞形式，可以边走边唱。

3 不及：不如。

译文

在泾县游历桃花潭已有几天时间，今日我打算乘船离开。站在船头，远眺美丽的桃花潭，我依然恋恋不舍。忽然听到岸上传来踏歌声，我仔细一瞧，原来是好友汪伦来为我送行。我好感动！人们都说桃花潭有千尺深，但我想说的是，哪怕桃花潭再深，也比不上汪伦与我的情谊深啊。

声音是什么？它又是怎么产生的？

我们人类的喉咙内有一个叫作“声带”的结构，它是一层薄薄的膜。当有气流经过时，这层膜就会随着气流振动。声带的振动不断地对周围空气一压一松、一松一压，使周围的空气随之一起振动起来。这些被带着振动的空气又带动了更远处的空气，把振动扩散开去，就像在水里扔小石块时激起涟漪一圈圈散开。

人的耳朵里有许多像绒毛一样的听觉细胞，当空气中的这些“涟漪”进入耳朵，这些细胞被振动的空气“摇晃”得前仰后合，发出电信号传送给大脑，于是就产生了听觉。

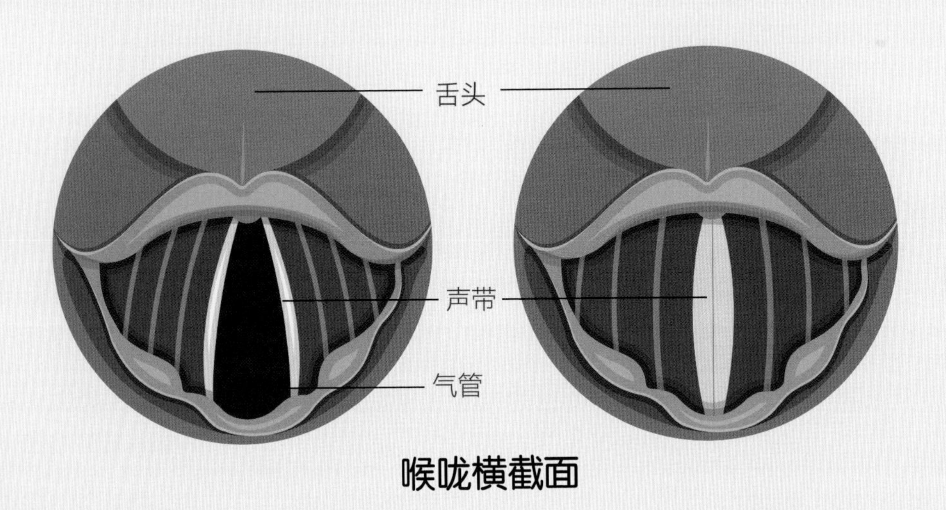

喉咙横截面

实际上，声音就是一种能被我们耳朵感受，能被大脑识别的振动现象。不只源于声带的振动，所有能“摇晃”绒毛细胞，并被大脑识别的振动都是声音。比如弹琴时琴弦的振动、敲鼓时鼓面的振动、汽车排气筒的振动等，都能发出声音。

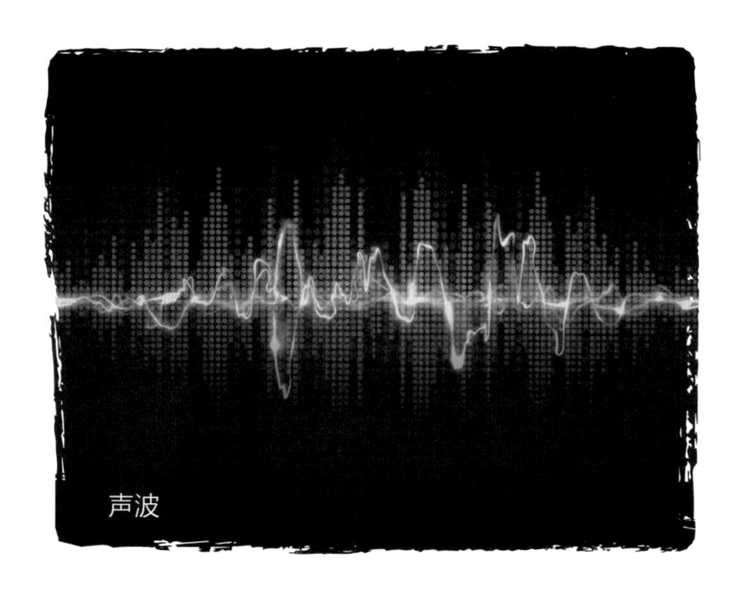

声波

当然，也不是所有的振动都能让人耳感受到。人耳只能识别每秒 20 次到 20000 次的振动，比 20 次更少的我们就叫它次声，而比 20000 次更多的振动就是超声。

千尺的潭有多深？

尺是我国传统的长度单位。不同朝代的尺长短不太一样，汪伦送别李白时的唐朝，一尺大约相当于现在的30厘米，那么千尺深也就是大约300米深。

这个深度对于大海而言不算什么，太平洋的平均深度接近4000米，世界上最深的地方——马里亚纳海沟的最深处有11000多米。陆地上的湖泊水深超过300米的也很多。世界上最深的贝加尔湖平均水深有730米，最深的地方有1637米。中国最深的湖泊则是长白山的天池，平均水深204米，最深的地方有373米。

潭则指的是很深但不是很大的水面，世界上目前所知最深的潭也就几十米深，按照唐代的尺来量，也就一两百尺的样子。诗人只是用夸张的手法来表示自己和汪伦的感情深厚。

唐 李白

黄鹤楼送孟浩然之广陵

huáng hè lóu sòng mèng hào rán zhī guǎng líng

gù rén xī cí huáng hè lóu, yān huā sān yuè xià yáng zhōu.
故人西辞黄鹤楼，烟花三月下扬州。

gū fān yuǎn yǐng bì kōng jìn, wéi jiàn cháng jiāng tiān jì liú.
孤帆远影碧空尽，唯见长江天际流。

释词

1 黄鹤楼：位于湖北省武汉市，与滕王阁、岳阳楼合称为“江南三大名楼”。

2 广陵：今江苏扬州。

3 孟浩然：李白的朋友，唐代著名山水田园派诗人，与王维并称“王孟”。

4 烟花：形容柳絮如烟、鲜花似锦的春天景物，指艳丽的春景。

5 碧空尽：消失在碧蓝的天际。尽，尽头，消失了。

好友孟浩然在黄鹤楼上向我辞行，他要在阳光明媚、鲜花似锦的三月份赶赴扬州。我亲自送他到江边，与他话别，看他登船，然后目送他的帆影渐渐消失在碧蓝的天边。待他的帆影完全消失，我只看见滚滚长江在天边奔腾，愿他早日平安到达扬州。

远去的船为什么最后只能看见帆？

在《登鹳雀楼》中，我们知道脚下的大地是个大圆球，所以站得高才能看得远。“孤帆远影碧空尽”也是同样的道理，水面虽然看上去比大地平整得多，但实际上在地心引力的作用下，它也是弧形的，每一千米水面才会向下弯几十厘米，肉眼很难分辨出来。不过当船走得足够远，比如几千米以外时，水面就已经向下弯曲了两三米以上，船身就渐渐“沉”到了水天分界的天际线以下，只能看见高高的船帆。

在航海贸易发达的古希腊，人们也观察到了这个现象，他们发现远去的船只总是船身先消失，最后才是船帆；而返航的船只总是船帆先出现，最后船身才显现出来。

基于对这个现象的认识，古希腊人最早提出了地球是个大球的观点，而且在公元前二百年左右，先哲埃拉托色尼就测量出地球的周长是 39360 千米，这与今天现代科技测量的 40000 千米左右所差无几，令人叹为观止。

长江有多长？

长江和黄河并称为中华民族的母亲河。它发源于“世界屋脊”——青藏高原的唐古拉山脉的格拉丹冬峰西南侧，流经青海、西藏、四川、云南、重庆、湖北、湖南、江西、安徽、江苏、上海 11 个省、自治区、直辖市，在上海的崇明岛东边流进东海，全长有 6397 千米，比黄河长 900 多千米。

长江也孕育了丰富的物种，白鳖豚、中华鲟、扬子鳄、鲴鱼等都是中国独有的珍稀物种。然而近年来随着人类活动的增加、生态环境的破坏，这些在长江中生活了千百年的珍稀物种的生存岌岌可危。我们要爱护环境，爱护我们的这些朋友，不要让它们在我们眼前消失！

唐 李白

早发白帝城
zǎo fā bái dì chéng

zhāo cí bái dì cǎi yún jiān, qiān lǐ jiāng líng yí rì huán

朝辞白帝彩云间，千里江陵一日还。

liǎng àn yuán shēng tí bú zhù, qīng zhōu yǐ guò wàn chóng shān

两岸猿声啼不住，轻舟已过万重山。

释词

1 发：启程。

2 白帝城：故址在今重庆市奉节县白帝山上。

3 彩云间：因白帝城在白帝山上，地势高耸，从山下江中仰望，仿佛耸入云端。

4 江陵：今湖北省江陵县。

译文

人生峰回路转，我这个流放之人竟然遇赦，可以回家啦。我好开心啊，天刚亮我就起床了，清晨便告别了耸入云端的白帝城，千里之外的江陵一日就能到达。船在长江上疾驰，两岸的猿猴不停地啼叫着，不知不觉间，轻快的小舟已驶过万重青山。

朝霞为什么是彩色的？

红霞漫天是一天中最美好的风景之一，那么它是怎么形成的呢？

在《望庐山瀑布》里提到过一种叫作“瑞利散射”自然现象，太阳光由许多颜色的光组成，其中蓝紫色的光遇到尺寸非常小的障碍物时不像红橙光那么容易绕过去，而是比较容易被四散弹开。这种现象不只发生在比较细小的雾滴上，遇到更小的空气分子时，会表现得更明显些。

当太阳光照进地球大气层，蓝光被空气分子和细小颗粒散射向四面八方，于是整个天空看上去都呈蓝色，这就是平时天空是蓝色的原因。而在日出或是日落的时候，太阳光要斜着穿过大气层，走很远的路才能到达我们所在的地方，阳光中的蓝紫光在路上不断被散射，剩下的红橙光到达我们的眼睛。所以朝霞看上去就是一片火红。

古代的船行驶得有多快?

古代海上行船主要靠风力，中国古代最著名的航海家——郑和——下西洋时的宝船一天能行驶 100 海里，也就是 185 千米左右，相当于每小时不到 8 千米，和经常锻炼的人跑步速度差不多。而古代世界上最快的战舰在顺风的情况下能达到 8 ~ 10 节的速度，也就是 14 ~ 18 千米每小时，差不多相当于普通人骑自行车的速度。如果碰到逆风,古代航海家还有一套之字形前进的办法来利用风力逆风行船。

古代的内河行船除了依靠风力，还可以利用水流顺流而下，不过由于内河不像大海那么宽阔，船没法行驶得太快，一般比海上行船的速度要慢一些。当船逆风或是逆水的时候，得靠人力划桨或是由人力在岸上通过绳子拉船前行，这时前进得就非常慢，比人走路还要慢许多。

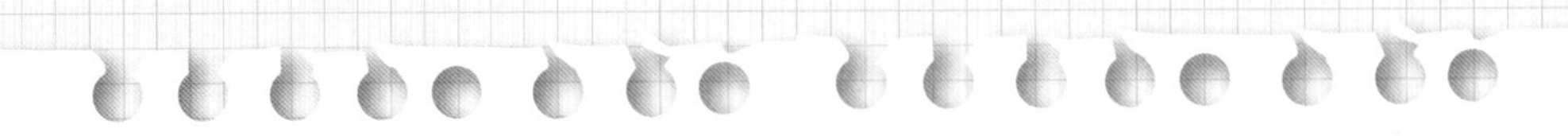

科学思维训练小课堂

① 如果不振动声带，你能发出什么样的声音来？

② 看看平整的道路上远去的汽车，哪个部分先消失，哪个部分后消失？

③ 试着画出太阳光照进大气层后发生的反射示意图。

扫描二维码回复“诗词科学”
即可收听本书音频